让你 意想不到 的

中国饮食

李朝东 / 主编　　刘俊虎 / 编写

南京出版传媒集团
南京出版社

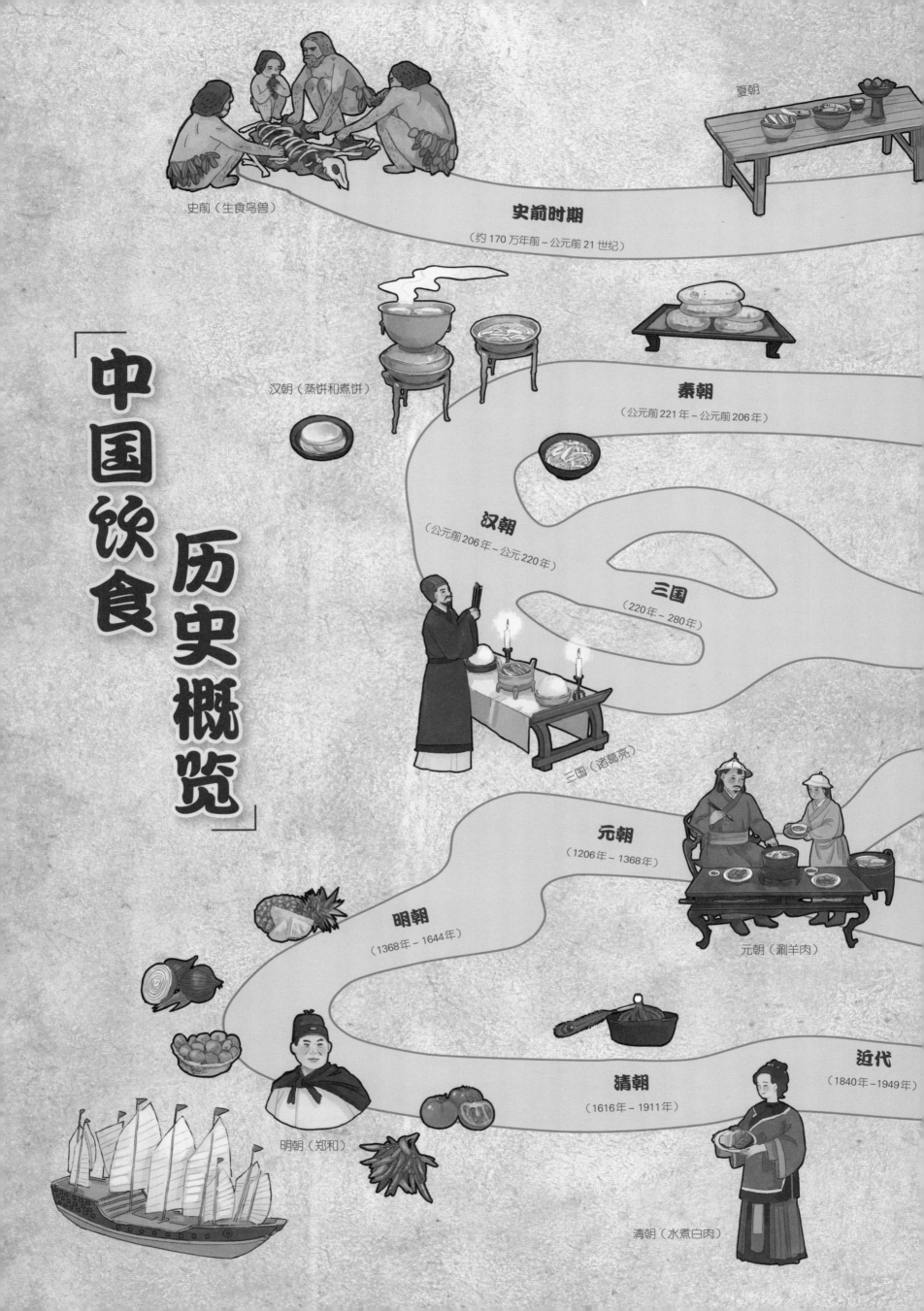

中国饮食 历史概览

史前（生食鸟兽）

史前时期
（约170万年前–公元前21世纪）

夏朝

汉朝（蒸饼和煮饼）

秦朝
（公元前221年–公元前206年）

汉朝
（公元前206年–公元220年）

三国
（220年–280年）

三国（诸葛亮）

元朝
（1206年–1368年）

元朝（涮羊肉）

明朝
（1368年–1644年）

明朝（郑和）

清朝
（1616年–1911年）

近代
（1840年–1949年）

清朝（水煮白肉）

夏朝（陶盆）

商朝（三联甗）

夏朝
（约公元前 2070 年 – 前 1600 年）

战国（石磨）

商朝
（公元前 1600 年 – 公元前 1046 年）

西周（八珍）

西周
（公元前 1046 年 – 公元前 771 年）

西周（天子）

春秋战国
（公元前 770 年 – 公元前 221 年）

春秋（孔子）

西晋（何曾）

南北朝
（420 年 – 589 年）

晋朝
（265 年 – 420 年）

南朝（粥茶）

隋朝
（581 年 – 618 年）

宋朝
（ 60 年 – 1279 年）

五代（吃西瓜）

唐朝（粽子）

五代
（907 年 – 960 年）

唐朝
（618 年 – 907 年）

宋朝（糖葫芦）

唐朝（合餐）

现代
（1949 年至今）

现代（种植海带）

近代（蛋糕）

第一章 | 史前时期

原始人在发明钻木取火后，终于吃上了熟食。随着渔网、弓箭、陶器等工具的出现，食物越来越丰富了。

很久以前，猿人生活在森林里，饿了吃树根、树叶、果子和鸟蛋，困了就睡在树上。

自然环境骤变，森林里树木少了，有些猿人下地生活。原先的食物不够吃了，饿极了的时候，他们只好捡猛兽吃剩下的肉充饥。

为了遮风挡雨，避免猛兽的袭击，原始人找到了山洞，从此有了家。

起初，原始人害怕火，意外发现
火烧过的肉好吃后，他们开始想
方设法制造火。

相传，直到燧人氏发明了钻木取火，
人们才掌握了生火的技术。

有了火以后，人们把整
块的肉串在树枝上烤着吃。

接着，人们又发现把肉放
在石头上烤，更好吃一些。

据传说，直到神农氏出现，人们才会分辨食物是否有毒。

神农尝百草

人们发现吃不完的果实居然会发芽，就收集种子种植，稻、粟等农作物就这样出现了。

人们用捡到的石片来割肉，不断摸索实践后，制造了石刀、石棒等更好用的工具。

据说，伏羲受到蜘蛛织网的启发，开始用藤条织网捕鱼。

果子放久了有特殊的气味，人们品尝之后很喜欢，慢慢研究出了用果子酿酒。

海水烧干后会剩下白色的颗粒物，能让食物鲜美，盐就这样被发现了。

盐的故事

泥土被火烧后会变硬，人们据此烧制各种陶器，用来煮饭、盛水、收藏食物等。

陶 器

用树枝串着烧或放在石头上烤，大块的肉不一定能熟透，有了陶器和石刀，人们终于能把肉切成小块煮熟了。

有了石棒、石刀等工具后，人们不再捡肉吃，开始结伴打猎。

随着弓箭等工具出现，人们捕猎技术不断提高，捕获的猎物也多了。对于吃不完的猎物，人们会养起来。时间久了，这些猎物就被驯化成了家禽、家畜。

狗

牛

野鸡

人们利用树枝和兽筋的弹性，发明了弓箭，捕获的猎物越来越多了。

山羊

野猪

第二章 | 夏朝

人类进入奴隶社会后，陶器的种类不断丰富，成为贵族的主要饮食器具。养殖业不断发展，出现了分圈养殖。同时，面条出现了。

罐

豆

碗

盆

贵族在吃肉的时候，会先用石刀
把肉割成小块，然后蘸着盐吃。

贵族的食物主要是肉和粥。

穷人、奴隶只能吃带壳的谷物和野菜。

面条的制作过程

先用石棒把谷物脱壳，磨成面粉。

再把面粉和成面，切成细细的面条。

最后把面条放在陶鼎中煮熟，就可以吃了。

最早的面条

考古发现，4000年前的青海地区，人们已经会把谷物磨粉、和面并做成面条了。

农业不断发展，收获的粮食增多，人们又尝试着用粮食酿酒。

杜康

为了到河中捕更多的鱼，人们制造了独木舟。

种植业的规模扩大了，主要有粟、稻、稷等农作物，但是产量都不高。

除了捕鱼，人们还会捡贝壳、河蚌等海鲜食用。

养殖业的规模也在扩大，出现了分圈养殖。

第三章 | 商朝

筷子已经出现了，但很少有人使用，取食工具主要还是刀、叉。贵族不再使用陶制饮食器具，而是金黄色的铜制器具。

相传，纣王为了享乐，让人把酒倒在池子里，把肉挂在屋顶，方便自己随时取用。

果园出现了，水果主要有梅、桃、李、杏、
枣，梅常用于调味。

杏树

桃树

李树

统治者注意到吃蔬菜很重要，菜园也出现了。他们吃的蔬菜主要是
萝卜、白菜，不过当时的白菜叫"菘"，和今天的白菜不一样。

石臼出现，谷物脱壳、磨成面粉更容易了。

先把米和水放入鬲中。

妇好

商王武丁的配偶妇好，她使用的三联甗，可以同时煮三种食物。

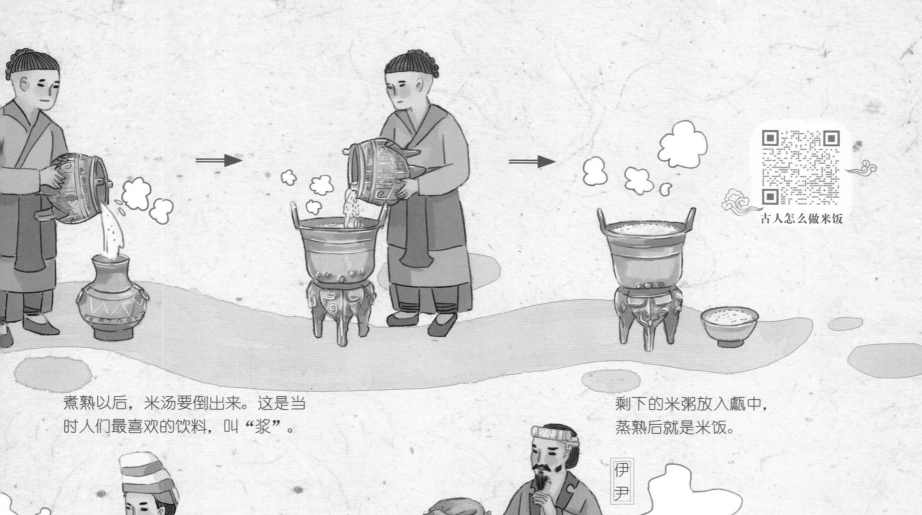

古人怎么做米饭

煮熟以后，米汤要倒出来。这是当时人们最喜欢的饮料，叫"浆"。

剩下的米粥放入甗中，蒸熟后就是米饭。

火锅出现了，但只有贵族用得起。

伊尹

伊尹善于调和味道，让食物更好吃，他擅长做天鹅羹。

冬天把冰储存起来，夏天就可以吃冰解暑。

第四章 | 西周

西周吸取纣王饮酒灭亡的教训，很长一段时间内严禁饮酒。此外，当时特别讲究等级，身份不同，饮食和器具也不同。

饮：米汤

贵族在请客吃饭的时候，饮食包括饭、饮料、肉和素菜。

食：五谷饭

匕

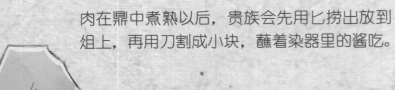

俎　　　　　染器　　　　　膳：肉食　　　　　簋：素菜

肉在鼎中煮熟以后，贵族会先用匕捞出放到俎上，再用刀割成小块，蘸着染器里的酱吃。

茶叶是作为菜吃的。

人们会采集野生蜂蜜吃。

八珍

淳熬：浇着肉酱的稻米饭

淳母：浇着肉酱的黍米饭

炮豚：烤乳猪

炮羊：烤羊羔

捣珍：烧里脊

渍：酒糟肉

熬：五香肉干

肝背：网油烤狗肝

藿：嫩豆叶

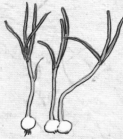

薤：大头菜

葵：冬苋菜

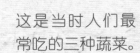

这是当时人们最常吃的三种蔬菜。

伯夷、叔齐是商朝人，周武王打败纣王后，他们不愿意归顺，于是隐居首阳山，采一种叫"薇"的野菜充饥。

天子

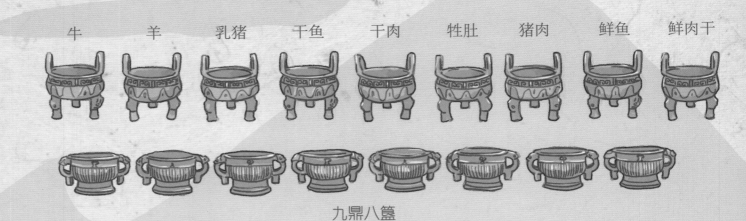

| 牛 | 羊 | 乳猪 | 干鱼 | 干肉 | 牲肚 | 猪肉 | 鲜鱼 | 鲜肉干 |

九鼎八簋

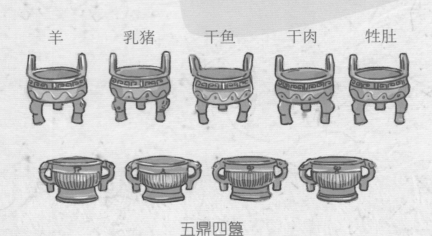

| 牛 | 羊 | 乳猪 | 干鱼 | 干肉 | 牲肚 | 猪肉 |

七鼎六簋

诸侯

大夫

| 羊 | 乳猪 | 干鱼 | 干肉 | 牲肚 |

五鼎四簋

| 乳猪 | 干鱼 | 干肉 |

三鼎二簋

士

陶簋盆

平民

小麦和稻米以及肉类成为贵族人的主食，但穷人的食物还是以豆、粟为主，很少能吃上肉。

以前的酒，时间久了会有酸味，人们据此学会了酿醋，当时还有酿醋的作坊。

肉类中，牛肉最珍贵，羊肉比较普遍。祭祀的时候，只有天子才能用牛肉。

甘蔗

甘蔗汁

人们学会用甘蔗汁做蔗饴和石蜜，蔗饴就像糖稀，石蜜就是硬如石头的蔗糖。

石蜜

蔗饴

犁和铁器出现后，人们开始用牛耕地，农作物产量提高了。

老百姓发明了连枷，使得谷物脱粒更方便。

人们开始在池塘养鱼。

石磨出现，谷物磨成面粉更加方便，越来越多的人开始用面粉做饼吃。

孔子特别注意饮食卫生，他认为，变质、变色、变味的食物都不能吃。

人们已经会腌菜，种类也很多，有韭菜、笋、茭白等。

馓子

冰鉴是用来放冰的器具，也可以保鲜食物。

馓子

介子推隐居山中，晋文公为逼他出山做官，听从小人建议，放火烧山，介子推被火烧死。因为愧疚，晋文公规定每年的这一天都要禁火，所以人们就提前炸一些面食做准备，这就是馓子。

晋文公

茴香

葡萄

核桃

石榴

汉武帝时期，张骞两次出使西域，开辟了"丝绸之路"，西域很多水果、蔬菜得以传入中国，有葡萄、石榴、黄瓜、苜蓿等。

芝麻

西域很多食物通过"丝绸之路"传入中国，饺子、馄饨、豆腐也相继出现，越来越多的人开始用筷子吃饭。

大蒜

黄瓜

豌豆

胡饼的外面会撒上胡麻，胡麻即芝麻，做法和现在的烧饼一样。

胡饼

脂：牛羊油；膏：猪油。

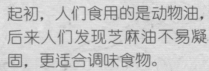

牛羊油

猪油

起初，人们食用的是动物油，后来人们发现芝麻油不易凝固，更适合调味食物。

芝麻

芝麻油作为灯油使用。

芝麻油

出现分格火锅，不同格子放不同的食物和调味品。

火锅

传说，饺子是东汉医圣张仲景发明，用于治疗病人伤寒，防止耳朵冻伤。

饺子的故事

饺子

早在汉朝时期，人们就已经有吃烧烤的习惯。他们穿肉、烧烤、扇风，烧烤过程与现在一样。

蒸饼

发酵技术用于做饼，蒸饼也出现了，但只有富贵人家才吃得上。

煮饼

面团撕成小片煮熟，这就是煮饼，也叫面片汤，是面条的原型。

东汉时期，人们学会了栽培菌菇。

豆腐的制作过程

泡豆

磨豆

收集豆浆

人工养蜂出现了，历史上第一位养蜂专家叫姜岐。

姜岐

相传，淮南王刘安在炼丹的时候，偶然把石膏点在了豆浆中，由此发明了豆腐。

豆腐的故事

煮浆

点汁

成型

人们发明了辘轳，可以更方便地从井中取水。

酒的种类增多，有葡萄酒、甘蔗酒、茉莉花酒等。

人们已经会在温室里培育韭黄等蔬菜。

三净肉

没有看见动物被杀，没有听见动物被杀的声音，也不是因为自己想吃才杀的动物，满足这三个条件的肉就是三净肉。

喝酒时，要先把酒从壶中倒入樽里，再用勺舀入漆耳杯中。

佛教传入中国，当时的和尚可以吃肉，但只吃"三净肉"。

壶   樽   勺   漆耳杯

汉朝皇帝认为，温室蔬菜违反了时节，不符合自然规律，所以下令禁止种植。

汉人慢慢接受了北方胡人的饮食习惯，开始喝牛奶、羊奶。同时，面食渐渐普及，馒头和炒菜出现了。

馒头的故事

诸葛亮

相传，诸葛亮平定南蛮后，经过泸水，为了祭祀河神，发明了馒头。

因为战乱和饥荒不断，食物不够吃，士兵缺
粮的时候，常常以枣子、桑葚和大头菜为食。

桑葚　　　　　　　　枣子　　　　　　　　大头菜

石勒

羯族人石勒做皇帝后，不喜欢被汉人称为"胡人"，也不喜欢别人说"胡"字，所以胡饼改称麻饼。

东晋初期，物质贫乏，猪肉被视为珍品，大家认为猪脖子上的肉最鲜美，都不敢品尝，要献给皇帝，称为"禁脔"。

茶叶　橘皮　姜

薄荷　枣　葱

南北朝时，南方人会把茶叶、葱和橘皮等放到一起煮成粥，称作粥茶。

以前，做菜的方式主要是烤和烹。到了南北朝时期，由于植物油的使用，快炒的方法出现并得到应用。把菜切成小块，油盐等调味料容易入味。因为好吃，所以炒菜逐渐成为烹饪的主要方式。

茄子传入中国，人们还培育出了和今天一样的白菜。

何曾

开花馒头出现了，西晋开国功臣何曾就只吃开花馒头。

北方的胡食在中原得到发展，牛奶、羊奶等逐渐为汉人接受。

羊奶

羊肉

羊

南朝时，据说是虔诚的佛教徒梁武帝首先倡导素食，他规定和尚不准喝酒吃肉，从此和尚只能吃素。

梁武帝

第八章 | 隋唐五代

面食丰富，饼的种类有很多，是当时人们的主食之一。
同时，出现了糕点、糯米粽子，西瓜也逐渐被人们食用。

菠菜

唐朝皇帝常用樱桃赏赐大臣，进士及第后，皇帝还会赐樱桃宴。

粮仓剖面

菠菜、莴苣和孜然传入中国。后来，西瓜经契丹人传入中国西北地区。

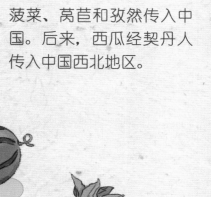

西瓜

莴苣

孜然

唐太宗派人到印度学习制糖术后，中国从此可以制造出松散的红糖。

唐代最大粮仓是含嘉仓，里面的粮食主要是粟、稻、豆。

茶已经成为百姓日常饮品，唐代制茶以团饼为主，也有少量碾末等方法。煮的时候一般加入苏椒、姜、盐等调味品。撰写《茶经》的陆羽，被后人奉为"茶圣"。

陆羽

茶饼　　茶碾　　茶末　　煮茶　　调味料

以前，包粽子是用黍米，唐朝时开始用糯米。

唐末五代，随着高足桌椅的普及，合餐开始出现并流行，此前人们是一人一案的分餐。

西周时期，人们就开始吃生鱼片，后来逐渐成为美食之一。唐朝时，日本人到中国学习文化，把这种美食带到了日本，流传至今。

马、牛、驴用于耕田运货，国家不许老百姓宰杀食用。人们的肉食来源主要是羊、猪、鱼、鸡、鸭、鹅。

由于唐朝皇帝姓李，"李"与"鲤"同音，所以唐朝曾禁止百姓吃鲤鱼，否则要被打六十大板。

糕饼

花糕

夏天，人们会把冰、薄荷、牛奶等拌入糯米饭，然后放到冰池中，等凉透了再食用。

贵妃红

樱桃糕

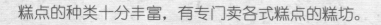
糕点的种类十分丰富，有专门卖各式糕点的糕坊。

第九章 | 宋元

以前，老百姓一天只吃两顿饭，到宋朝才开始一日三餐，同时，
南方人以米饭为主食，北方人以面为主食。

北方的农作物，以小麦为主。麦钐、麦笼等工具出现后，
人们收获麦子更方便了。

南方的农作物，以水稻为主。秧马等工具出现后，
人们种植水稻更方便了。

水稻

水煮蟹

吃螃蟹的人越来越多，油炸蟹、水煮蟹和生腌蟹最受人们喜爱。

元宵

面条

元宵节吃元宵的传统始于宋代，
当时元宵叫"浮元子"。

宋朝时，煮饼改称面条。

高粱

绿豆

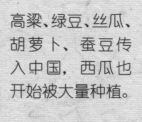

丝瓜

面条的变化

高粱、绿豆、丝瓜、
胡萝卜、蚕豆传
入中国，西瓜也
开始被大量种植。

蚕豆

胡萝卜

油炸檜

匹布氏楊

糖葫芦的故事

忽必烈

相传，秦桧害死岳飞后，老百姓为了发泄不满，发明了油条，也叫"油炸桧"。

据说宋光宗的贵妃生病了，一位江湖郎中用裹着糖的山楂治好了贵妃的病。传到民间后，人们纷纷效仿，把糖山楂穿成串，做出了糖葫芦。

元朝皇帝大多喜欢吃羊肉。据说，有一次敌兵靠近，忽必烈还没吃饭。为了节省时间，厨师就把羊肉切成薄片，放到开水中涮一下就可以吃了，这就是"涮羊肉"。

腊八粥

每逢腊月初八，不论是朝廷、官府、寺院，还是百姓，家家都要做粥，慢慢形成了腊八喝粥的习俗。

从元朝开始，人们喝茶就和现在一样了，不再加任何调料。

浊酒

清酒

之前的酒度数很低，颜色浑浊，所以叫"浊酒"。有一种观点认为，元朝出现高度酒，和今天的白酒一样。

第十章 | 明清

新航路的开辟，使得很多水果、蔬菜传入中国。因为土豆、红薯和玉米的产量很高，所以解决了当时人多粮食不够吃的问题。

北冰洋

向日葵

北美洲

哥伦布

大西洋

玉米

南瓜

太平洋

辣椒

南美洲

西红柿

菠萝

土豆

麦哲伦

郑　和：中国明朝航海家，曾七次下西洋，到过印度、泰国等30多个国家，最远到达非洲。
哥伦布：意大利航海家，先后4次出海远航，是大航海时代第一个到达美洲的欧洲人。
麦哲伦：葡萄牙航海家，他率领的船队完成了人类首次环球航行。
迪亚士：葡萄牙航海家，他最早探险到非洲的最南端。
达·伽马：葡萄牙航海家，是从欧洲经好望角到印度航线的开拓者。

欧洲

太平洋

亚洲

洋葱

印度洋

杧果

红薯

郑和

非洲

大　　　洋　　　洲

迪亚士

达·伽马

1571年，西班牙人在吕宗岛（今菲律宾北部）建立了马尼拉城，美洲的食物就是通过这条新航路运到菲律宾群岛，再进一步传入中国。

明朝时，开始流行嗑瓜子，当时人们嗑的主要是西瓜子。
到清朝时，葵花子出现，成为人们重要的零食。

葵花子

西瓜子

为了收集瓜子，人们会把
西瓜免费送给别人吃。

陈益

明朝人陈益从越南带回了红薯，
用于种植后，在民间普及食用。

红薯是怎么来的

明清时，猪肉仍然是人们祭
祀和生活中重要的肉食。

人们发现黄泥能让糖变白，便把糖浆放入瓦溜，用黄泥水淋，制造白糖，还发明了冰糖。

清朝开始，人口暴涨，玉米、高粱、豆类等杂粮成为穷苦人民的主食。

明清时，鲍鱼、鱼翅和燕窝深受人们喜欢，所以在高档宴席中常常出现。

冰糖

奶油

满族人喜欢甜食，他们用冰糖、奶油和白面做出了沙琪玛。

沙琪玛

白面

西餐传入中国后，丰富了中国人的饮食，并在一些方面
改变了中国人的饮食习惯。

毕卡第鸡尾酒

红色玛丽酒

橄榄

花生米

步入近代，西餐馆相继在上海、广州等地出现。
袁世凯成为中华民国大总统后，在北京饭店举行
了鸡尾酒会，宴请各国使者。

橄榄

土豆片

芝士条

三明治

饭店中间布置有U字形的长台，上面放着各种西菜小吃，有三明治、花生米、橄榄、土豆片等。

MILK

奶牛復興

牧場

荷兰奶牛引入中国后，宋美龄三姐妹创办了国民革命军遗族学校，为烈士遗孤提供牛奶。

以前，女性地位低，不能上桌吃饭，后来，男女并肩入席逐渐普遍。

以前，中国人喝酒喜欢划拳，后来被西方的碰杯取代。

HARBIN BEER

TSINGTAO~BEER

啤酒

BEER

近代，中国人有了自己的啤酒厂。

生日蛋糕的故事

布丁

香肠

罐头

以前，中国人过生日的习俗是吃寿面、送寿桃，受西方影响，逐渐变成吹蜡烛、吃蛋糕。

民国时期，西方的罐头、饼干、面包、三明治、香肠、布丁等都已经传入中国。

汽水传入中国，起初叫"荷兰水"，当时，中国人常在西方物品名称前加上"荷兰"两个字，其实和荷兰没关系。

冰淇淋也传入中国，由于原料不贵、工艺简单，很快被中国人接受和仿制。

中国本土苹果，绵软易烂，欧美苹果传入后，由于香脆可口、易于保存，很快在国内传播开来。

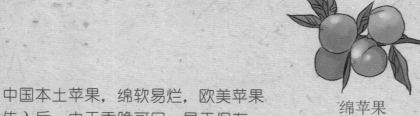
绵苹果

苹果

第十二章 | 现代

建国至今，人们的饮食有了很大的改变，不仅能吃饱了，而且吃得越来越好了。

建国初期，食物极度缺乏，人们大多吃红薯、土豆、玉米等杂粮，萝卜和白菜是最常见的菜。

后来，为了保证有限的物资能平均分配，人们需要凭各种票证购买食物。

1973 年，袁隆平研究出杂交水稻新品种，水稻产量提升。

塑料薄膜覆盖技术引进后，蔬菜和水果的产量提高，反季节蔬果也开始进入人们生活。

1958年，日本人发明了袋装的"鸡汤拉面"，1970年，中国生产出第一袋方便面。

1987年11月12日，肯德基入驻北京，这是中国最早的快餐。后来，随着人们生活节奏的加快，快餐食品也越来越流行。

意大利披萨 pizza

蔬果

五谷杂粮店

营养

司寿转

越来越多的人开始重视饮食健康，大鱼大肉不再受宠，五谷杂粮受到喜爱。

以前，海带和紫菜主要从日本、朝鲜进口，掌握人工栽培技术后，中国开始大量栽培。

凉拌海带

紫菜蛋汤

韩国料理 炭火烤肉

美味新鲜

外卖

生活水平提高了，法国菜、意大利菜、日本料理、韩国料理等开始传入中国，满足了人们品尝外国美食的需求。

随着城市生活节奏的加快和互联网的发展，外卖行业诞生了，人们足不出户，就能吃到附近的美食。

生僻字注解

燧人氏 (suì)		粟 (sù)	
稷 (jì)		鬲 (lì)	
甗 (yǎn)		甑 (zèng)	
肝膋 (liáo)		薤 (xiè)	
藿 (huò)		簋 (guǐ)	
连枷 (jiā)		冰鉴 (jiàn)	
馓子 (sǎn)		张骞 (qiān)	
辘轳 (lù)(lu)		禁脔 (luán)	
羯 (jié)		脍 (kuài)	
油炸桧 (huì)		麦钐 (shàn)	

怎样阅读这本书

❶ 标题

❷ 同时期的饮食特征

❸ 当时的字体是隶书

❹ 符合人物身份的服饰、冠帽

❺ 饮食相关的人物

❷ 食物名称的变化

❻ 还原当时的饮食器具

❷ 食物名称的变化

❶ 锅的演变

❸ 和尚的服色

❼ 与饮食相关的典故介绍

❹ 书的形式

❷ 佛教样式的建筑

❶ 民居建筑

❸ 少数民族的服饰

❹ 桌椅的演变

❺ 当时的酒器

图书在版编目（ＣＩＰ）数据

让你意想不到的中国饮食 / 李朝东主编；刘俊虎编
写．－ 南京：南京出版社，2017.7
ISBN 978-7-5533-1854-7

Ⅰ．①让… Ⅱ．①李… ②刘… Ⅲ．①饮食－文化史
－中国 Ⅳ．① TS971.2

中国版本图书馆 CIP 数据核字 (2017) 第 150551 号

书　　名：让你意想不到的中国饮食
作　　者：李朝东　刘俊虎
出版发行：南京出版传媒集团
　　　　　南 京 出 版 社
　　社址：南京市太平门街 53 号　　邮编：210016
　　网址：http://www.njcbs.cn　　电子信箱：njcbs1988@163.com
　　天猫 1 店：https://njcbcmjtts.tmall.com/　　天猫 2 店：https://nanjingchubanshets.tmall.com/
　　联系电话：025-83283893、83283864（营销）　　025-83112257（编务）

出 版 人：朱同芳
出 品 人：卢海鸣
责任编辑：焦　博　余　力
装帧设计：刘　雅
责任印制：杨福彬

插　　画：朱媛媛
特约编辑：吕　品　张广亮
动　　画：吉　莉　魏　珍　张锐文

印　　刷：北京尚唐印刷包装有限公司
开　　本：880 毫米 ×1230 毫米　1/8
印　　张：8.5
字　　数：33 千字
版　　次：2017 年 7 月第 1 版
印　　次：2017 年 7 月第 1 次印刷
书　　号：ISBN 978-7-5533-1854-7
定　　价：98.00 元

营销分类：幼儿